ELEMENTOS NO ESTRUCTURALES

ANDERSSON RINCON MOLINA

DEDICATORIA

Dedico el presente libro a Dios, el Arquitecto, Ingeniero y Constructor del universo y el destino, a mi familia, a mis amigos y colegas, a mi País, a la Asociación Movimiento Nacional Cimarrón por la lucha de los derechos y valores de las comunidades vulnerables, a la empresa donde laboro, a mis profesores y a todo aquel que intervino directa e indirectamente en mi vida contribuyendo con mi desarrollo personal, profesional y social en el largo camino de mi destino, son a quienes debo corresponder contribuyendo con su desarrollo y bienestar mediante el ejercicio de mi profesión.

CONTENIDO

1. AGRADECIMIENTOS

Introduzca aquí el texto de los agradecimientos. Introduzca aquí el texto de los agradecimientos. Introduzca aquí el texto de los agradecimientos. Introduzca aquí el texto de los agradecimientos. Introduzca aquí el texto de los agradecimientos. Introduzca aquí el texto de los agradecimientos. Introduzca aquí el texto de los agradecimientos. Introduzca aquí el texto de los agradecimientos. Introduzca aquí el texto de los agradecimientos. Introduzca aquí el texto de los agradecimientos. Introduzca aquí el texto de los agradecimientos.

2. INTRODUCCION

Mediante el desarrollo de la presente libro se describe conceptos con los cuales se pretende afianzar los conocimientos sobre Elementos No Estructurales ya que El Reglamento Colombiano de Construcción Sismo Resistente (NSR-10) ó su equivalente internacional, tiene como objeto "establecer criterios y requisitos mínimos para el diseño, construcción y supervisión técnica de edificaciones, con el fin de reducir a un mínimo el riesgo de la pérdida de vidas humanas y defender en lo posible el patrimonio del Estado y de los ciudadanos" es en conclusion hacer valer el derecho humano N° 1 "El Derecho A La Vida".

El Constructor en Arquitectura e Ingeniería debe estar preparado en el conocimiento sobre los Elementos No Estructurales que se presentan en las construcciones, lo que hace indispensable profundizar en el Reglamento Colombiano de Construcción Sismo-Resistente NSR-10, ACI-318 y demás normativas vigentes.

De esta manera se permitirá adquirir conocimiento básico respecto a los Elementos No Estructurales (ENE), permitiéndose así desarrollar competencias prácticas críticas y analíticas para poder ejercer como profesional en Construcción, Arquitectura e Ingeniería, al igual que todo lo relacionado con los requisitos y desde luego los deberes y compromisos que esta actividad demanda.

3. JUSTIFICACIÓN

Considerando la necesidad de conocer y evaluar las competencias que permiten identificar conceptos sobre Elementos No Estructurales, mediante el desarrollo de la presente evaluación se da respuesta a los interrogantes más relevantes en el campo de Elementos No Estructurales con el fin de aclarar dudas y fortalecer competencias adquiridas en el campo, lo cual permitirá fortalecer las bases de este conocimiento para el desempeño y aplicación en situaciones propias y reales de nuestra profesión de Constructor en Arquitectura e Ingeniería.

4. OBJETIVO GENERAL

Identificar los principales conceptos, riesgos y normas que rigen la construcción de edificaciones respecto a Elementos No Estructurales con el fin de familiarizarse con estos y así adquirir competencias que permitan la adecuada ejecución de estos elementos permitiendo la habitabilidad de una edificación, permitiéndose así afianzar aspectos teóricos básicos en esta área.

(Rincon Molina, 2019)

5. OBJETIVOS ESPECÍFICOS

1.   Identificar el manejo de los términos básicos relacionados con Elementos No Estructurales.

2.   Reconocer las principales normativas que regulan la Elementos No Estructurales.

3.   Afianzar aspectos teóricos básicos sobre Elementos No Estructurales.

4.   Desarrollar competencias profesionales para la ejecución, coordinación y supervisión de actividades relacionadas con la construcción de Elementos No Estructurales.

6. ELEMENTOS NO ESTRUCTURALES

A continuacion se muestra un cuadro donde se resume lo indicado en el Reglamento Colombiano de Construccion Sismo Resistente NSR-10 interpretando el contenido del Capítulo A.9 del mismo.

7. NSR 10. TITULO A, LITERAL A.9 ELEMENTOS NO ESTRUCTURALES

Respecto al diseño y construcción de elementos no estructurales se debe tener en cuenta varios factores; lo cuales se enumeran a continuación y se dá una breve explicación acompañada de gráficos para cada uno, igualmente se indica respecto a la Norma NSR-10 cómo se anclan a la estructura original para que no fallen en caso de un sismo.

8. FACTORES A TENER EN CUENTA EN EL DISEÑO Y CONSTRUCCION DE ELEMENTOS NO ESTRUCTURALES.

El comportamiento sísmico de algunos elementos no estructurales representa un peligro especialmente grave para la vida y en otros casos pueden llevar a la falla de elementos estructurales críticos, como pueden ser las columnas. Dentro de estos elementos se encuentran, entre otros, los siguientes:

(a) Muros de fachada — las fachadas deben diseñarse y construirse para que sus componentes no se disgreguen como consecuencia del sismo, y además el conjunto debe amarrarse adecuadamente a la estructura con el fin de que no exista posibilidad de que caiga poniendo en peligro a los transeúntes al nivel de calzada. Para sistemas vidriados de fachadas.

Imagen 1. Muros de fachada.

(b) Muros interiores — deben tenerse precauciones para evitar el vuelco de los muros interiores y particiones. Para sistemas vidriados de fachadas.

Imagen 2. Muros interiores.

(c) Cielos rasos — el desprendimiento y caída de los cielos rasos representa un peligro grave para las personas.

(d) Enchapes de fachada — el desprendimiento y caída de los enchapes de fachada representa un peligro grave para los transeúntes. Los enchapes deben ser considerados para su diseño como un sistema que involucra todos sus componentes (soporte, morteros de relleno o revoque, adhesivos y enchape).

Especial consideración deberá prestarse en el diseño de los movimientos del sistema de fachada por efectos de temperatura, cambios de humedad, integridad por meteorización, o deformación del soporte.

9

(e) Áticos, parapetos y antepechos — existe el mismo peligro potencial que presentan los muros de fachada. Cuando la cubierta de la edificación esté compuesta por tejas o elementos frágiles debe considerarse en el diseño la posibilidad de que el parapeto falle hacia adentro, cayendo sobre la cubierta, produciendo su falla y poniendo en peligro a los habitantes del último piso.

Imagen 3. Antepechos, Aticos.

(f) Vidrios — la rotura de vidrios generada por la deformación del marco de la ventana representa un peligro para las personas que estén dentro o fuera de la edificación. Deben tenerse precauciones para dejar holguras suficientes dentro del montaje del vidrio o de la ventanería para evitar su rotura o garantizar que la rotura se produzca de forma segura.

La colocación de películas protectoras, vidrios templados y vidrios

tripliados son otras alternativas para evitar el peligro asociado con la

rotura del vidrio. La utilización de vidrios de seguridad es una alternativa

para disminuir el riesgo asociado a la rotura del vidrio. Para

especificaciones de vidrio, productos de vidrio y sistemas vidriados.

(g) Paneles prefabricados de fachada — cuando se utilicen

paneles prefabricados de fachada, deben dejarse holguras suficientes que

permitan la deformación de la estructura sin afectar el panel. Además el

panel debe estar adecuadamente adherido al sistema estructural de

resistencia sísmica, para evitar su desprendimiento. En caso que ellos

sean de vidrio.

(h) Columnas cortas o columnas cautivas — ciertos tipos de

interacción entre los elementos no estructurales y la estructura de la

edificación deben evitarse a toda costa. Dentro de este tipo de interacción

se encuentra el caso de las "columnas cortas" o "columnas cautivas" en

las cuales la columna está restringida en su desplazamiento lateral por un

muro no estructural que no llega hasta la losa de entrepiso en su parte

superior. En este caso el muro debe separarse de la columna, o ser

llevado hasta la losa de entrepiso en su parte superior, si se deja adherido a la columna.

9. TIPOS DE ANCLAJE SEGÚN EL VALOR DE Rp PERMITIDO PARA EL ELEMENTO NO ESTRUCTURAL

Los sistemas de anclaje de los elementos no estructurales deben tener capacidad de disipación de energía en el rango inelástico y ductilidad compatible con el nivel mínimo de Rp requerido para el elemento no estructural. A continuación se indican algunos de los tipos de anclaje empleados en el medio y su grado de aceptabilidad para los diferentes valores de Rp :

Especiales (Rp = 6) — Se trata de anclajes diseñados siguiendo los requisitos del Título F para estructuras acero estructural para capacidad de disipación especial (DES). Deben cumplirse todos los requisitos dados allí para permitir este valor de Rp .

Dúctiles (Rp = 6) — Cuando el anclaje se realiza por medio de anclajes profundos que emplean químicos (epóxicos), anclajes profundos vaciados en el sitio, o anclajes vaciados en el sitio que cumplen los requisitos del Capítulo C.21. No se permiten los pernos de expansión ni anclajes colocados por medios explosivos (tiros). Anclajes profundos son aquellos en los cuales la relación entre la porción embebida al diámetro del perno es mayor de 8. Este tipo de anclajes debe emplearse cuando el elemento no estructural es dúctil.

No dúctiles (Rp = 1.5) — Cuando el anclaje se realiza por medio de pernos de expansión, anclajes superficiales que emplean químicos (epóxicos), anclajes superficiales vaciados en el sitio, o anclajes colocados por medio explosivos (tiros). Anclajes superficiales son aquellos en los cuales la relación entre la porción embebida al diámetro del perno es menor de 8. Dentro de este tipo de anclajes se encuentran las barras de acero de refuerzo con ganchos en los extremos que se embeben dentro del mortero de pega de la mampostería. Este tipo de anclajes se permiten cuando el elemento no estructural no es dúctil. Si se utilizan en elementos no estructurales dúctiles, éstos deben diseñarse para el mismo valor de (Rp = 1.5).

Húmedos (Rp = 0.5) = — Cuando se utiliza mortero, o adhesivos que pegan directamente al mortero o al concreto, sin ningún tipo de anclaje mecánico resistente a tracción.

10. ELEMENTOS DE CONEXIÓN PARA COMPONENTES NO ESTRUCTURALES

El elemento de conexión es el aditamento que conecta el elemento no estructural con los anclajes a la estructura. En algunos casos es el mismo elemento de anclaje. Las conexiones que permiten movimiento deben disponerse de tal manera que pueda haber movimiento relativo entre la estructura y el elemento no estructural, por medio de agujeros alargados, agujeros de un tamaño mayor que los espigos o tornillos, por medio de elemento de acero que se flexionan, u otros procedimientos, pero debe ser capaz de resistir las fuerzas sísmicas reducidas de diseño prescritas en las direcciones en las cuales no se permite el movimiento. En fachadas el elemento de conexión en sí, debe diseñarse para resistir una fuerza sísmica reducida de diseño igual a p $1.33F$ y todos los pernos, tornillos, soldaduras, y espigos que pertenezcan al sistema de conexión, deben diseñarse para p $3.0Fp$.

Imagen 4. Aplicación de epóxico y anclaje de dovela.

Tabla 2. Determinación del tipo de anclaje según el tipo de elemento no estructural.

TABLA A.9.5-1

Coeficiente de amplificación dinámica, a_p , y tipo de anclajes o amarres requeridos, usado para determinar el coeficiente de capacidad de disipación de energía, R_p , para elementos arquitectónicos y acabados

Elemento no estructural	a_p	Tipo de anclajes o amarres para determinar el coeficiente de capacidad de disipación de energía, R_p , mínimo requerido en A.9.4.9		
		Grado de desempeño		
		Superior	Bueno	Bajo
Fachadas				
• paneles prefabricados apoyados arriba y abajo	1.0	Dúctiles	No dúctiles	No dúctiles
• en vidrio apoyadas arriba y abajo	1.0	Dúctiles	No dúctiles	No dúctiles
• lámina en yeso, con costillas de acero	1.0	No dúctiles	No dúctiles	No dúctiles
• mampostería reforzada, separada lateralmente de la estructura, apoyadas arriba y abajo	1.0	Dúctiles	No dúctiles	No dúctiles
• mampostería reforzada, separada lateralmente de la estructura ,apoyadas solo abajo	2.5	Dúctiles	No dúctiles	No dúctiles
• mampostería no reforzada, separada lateralmente de la estructura, apoyadas arriba y abajo	1.0	No se permite este tipo de elemento no estructural		No dúctiles[1]
• mampostería no reforzada, separada lateralmente de la estructura ,apoyadas solo abajo	2.5	No se permite este tipo de elemento no estructural		No dúctiles[1]
• mampostería no reforzada, confinada por la estructura	1.0	No se permite este tipo de elemento no estructural		No dúctiles[2]
Muros que encierran puntos fijos y ductos de escaleras, ascensores, y otros	1.0	Dúctiles	No dúctiles	Húmedos[1]
Muros divisorios y particiones				
• corredores en áreas públicas	1.0	Dúctiles	No dúctiles	Húmedos[1]
• muros divisorios de altura total	1.0	No dúctiles	No dúctiles	Húmedos[1]
• muros divisorios de altura parcial	2.5	No dúctiles	No dúctiles	Húmedos[1]
Elementos en voladizo vertical				
• áticos, parapetos y chimeneas	2.5	Dúctiles	No dúctiles	No dúctiles
Anclaje de enchapes de fachada	1.0	Dúctiles	No dúctiles	Húmedos
Altillos	1.5	Dúctiles	No dúctiles	No dúctiles
Cielos rasos	1.0	No dúctiles	No dúctiles	No requerido[3]
Anaqueles, estanterías y bibliotecas de más de 2.50 m de altura, incluyendo el contenido				
• Diseñadas de acuerdo al Título F	2.5	Especiales	Dúctiles	No requerido[3]
• Otras	2.5	Dúctiles	No dúctiles	No requerido[3]
Tejas	1.0	No dúctiles	No dúctiles	No requerido[3]

Notas:

1. Debe verificarse que el muro no pierde su integridad al ser sometido a las derivas máximas calculadas para la estructura.
2. Además de (1) debe verificarse que no interactúa adversamente con la estructura.
3. El elemento no estructural no requiere diseño y verificación sísmica.
4. En el diseño, fabricación y supervisión del montaje de sistemas de estanterías deberán seguirse los lineamientos aplicables establecidos en la sección A.1.3.4 para su diseño estructural, y las demás condiciones que se estipulan al respecto en el Título F.

A continuación se explica que se comprende por los grados de desempeño que están condicionados a los grupos de uso y se presenta dos ejemplos de aplicación comparativa.

11. GRADOS DE DESEMPEÑO QUE ESTÁN CONDICIONADOS A LOS GRUPOS DE USO

Se denomina desempeño al comportamiento de los elementos no

estructurales de la edificación ante la ocurrencia de un movimiento sísmico. El desempeño se clasifica en los siguientes grados:

1.0 SUPERIOR

El daño que se presentan en los elementos no estructurales es mínimo y no interfiere con la operación de la edificación debido a la ocurrencia del sismo de diseño.

1.1 BUENO

Es aquel en el cual el daño que se presenta en los elementos no estructurales es totalmente reparable y puede haber alguna interferencia con la operación de la edificación con posterioridad a la ocurrencia del sismo de diseño.

1.2 BAJO

Es aquel en la cual se presentan daños graves en los elementos no estructurales, inclusive no reparables, pero sin desprendimiento o colapso, debido a la ocurrencia del sismo de diseño

Las edificaciones se clasifican para efectos de su comportamiento sísmico en cuatro grupos de acuerdo con el servicio que prestan a la comunidad y para cada uno de estos grupos se ha fijado un grado mínimo de desempeño de los elementos no estructurales.

Tabla 3 Grados de desempeño asociados a grupos de uso.

GRUPO DE USO	CARACTERISTICAS	GRADO DE DESEMPEÑO MINIMO REQUERIDO
I	Estructuras de ocupación normal que son todas las cubiertas por el reglamento NSR-10 pero no contempladas en los siguientes grupos.	BAJO
II	Estructuras de ocupación especial son aquellas donde se pueden reunir más de 200 personas en un salón, graderías en las cuales puedan haber más de 2000 personas a la vez, almacenes y centros comerciales de más de 500 m² por piso, edificaciones donde residan o trabajen más de 3000 personas y edificios gubernamentales	BUENO
III	Edificaciones de atención a la comunidad son aquellas indispensables para atender a la población después de un sismo, como estaciones de bomberos, defensa civil, cuarteles de la fuerza armada, garajes de vehículos de emergencia, guarderías, escuelas, colegios, universidades y centros de atención de emergencia	SUPERIOR
IV	Edificaciones indispensables son aquellas de atención a la comunidad que deben funcionar durante y después de un sismo, como hospitales, clínicas, centros de salud, edificaciones de sistemas masivos de transporte,	SUPERIOR

	centrales de transporte, centrales de telecomunicación, centrales de operación y control de líneas vitales.	

1.3   EJEMPLO 1

Si se diseña una edificación como por ejemplo un hospital o una clínica que son edificaciones indispensables para la atención a la comunidad por lo tanto pertenecen al GRUPO DE USO IV su grado de desempeño requerido es SUPERIOR, por lo tanto debe diseñarse con capacidad especial de disipación de energía en el rango inelástico (DES), el daño que reciban los elementos no estructurales debe ser mínimo y no deben interferir con la operabilidad de la estructura.

1.4   EJEMPLO 2

Si se diseña una edificación como por ejemplo vivienda unifamiliar de un nivel que es una estructura de ocupación normal por lo tanto pertenece al GRUPO DE USO I su grado de desempeño requerido es BAJO, por lo tanto debe diseñarse con capacidad moderada de disipación de energía en el rango inelástico (DMO) si la zona de amenaza sísmica es intermedia, el daño que reciban los elementos no estructurales es grave e inclusive no reparable, pero sin desprendimiento o colapso.

A continuaciona se profundiza en el tema del numeral A.9.4.1 de la NSR-10, y se presentan dos esquemas aplicando e interpretando gráficamente este contenido.

12. NSR-10 LITERAL A.9.4 CRITERIOS DE DISEÑO.

La NSR-10 en su literal A.9.4.1 GENERAL indica que el diseñador de los elementos no estructurales puede adoptar una de dos estrategias en el diseño:

1.5 SEPARARLOS DE LA ESTRUCTURA

En este tipo de diseño los elementos no estructurales se aíslan lateralmente de la estructura dejando una separación suficiente para que la estructura al deformarse como consecuencia del sismo no los afecte adversamente. Los elementos no estructurales se apoyan en su parte inferior sobre la estructura, o se cuelgan de ella; por lo tanto deben ser capaces de resistir por si mismos las fuerzas inerciales que les impone el sismo, y sus anclajes a la estructura deben ser capaces de resistir y transferir a la estructura estas fuerzas inducidas por el sismo. Además la separación a la estructura de la edificación debe ser lo suficientemente amplia para garantizar que no entren en contacto, para los desplazamientos impuestos por el sismo de diseño. En el espacio resultante deberá evitarse colocar elementos que rigidicen la unión eliminando la flexibilidad requerida por el diseño.

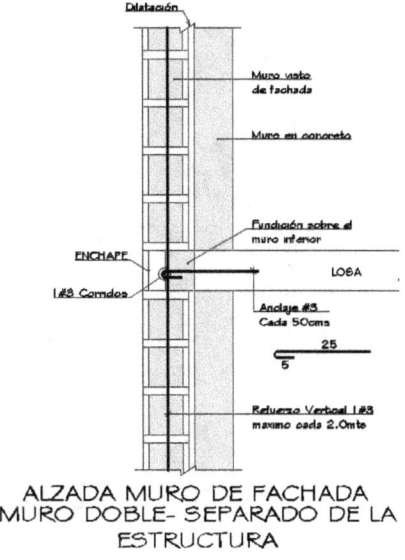

**ALZADA MURO DE FACHADA
MURO DOBLE- SEPARADO DE LA
ESTRUCTURA**

Imagen 5. Muro de fachada separado de la estructura, no admite defromaciones.

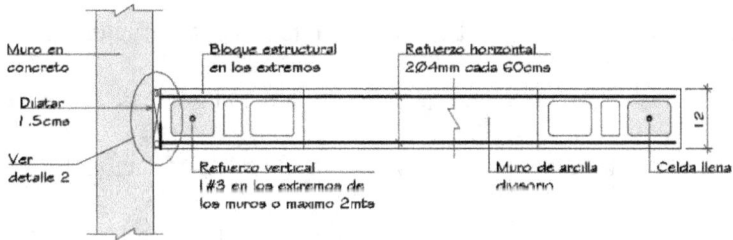

Imagen 6. Muro interno separado de la estructura, no admite deformaciones.

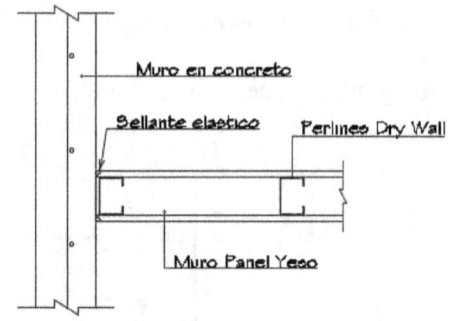

**PLANTA UNION MURO
ESTRUCTURAL
CON MURO PANEL YESO**

Imagen 7. Muro de panel yeso separado de la estructura, no admite deformaciones.

1.6 DISPONER ELEMENTOS QUE ADMITAN LAS DEFORMACIONES DE LA ESTRUCTURA

En este tipo de diseño se disponen elementos no estructurales que tocan la estructura y que por lo tanto deben ser lo suficientemente flexibles para poder resistir las deformaciones que la estructura les impone sin sufrir daño mayor que el que admite el grado de desempeño prefijado para los elementos no estructurales de la edificación. En este tipo de diseño debe haber una coordinación con el ingeniero estructural, con el fin de que éste tome en cuenta el potencial efecto nocivo sobre la estructura que pueda tener la interacción entre elementos estructurales y no estructurales.

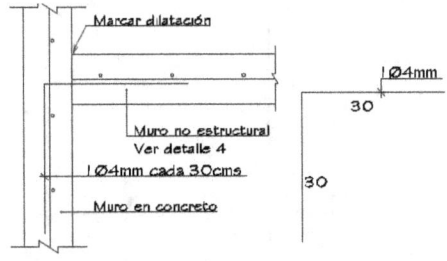

PLANTA UNION MURO ESTRUCTURAL CON MURO NO ESTRUCTURAL

Imagen 8. Unión muro no estructural con muro estructural concreto, admite

deformaciones.

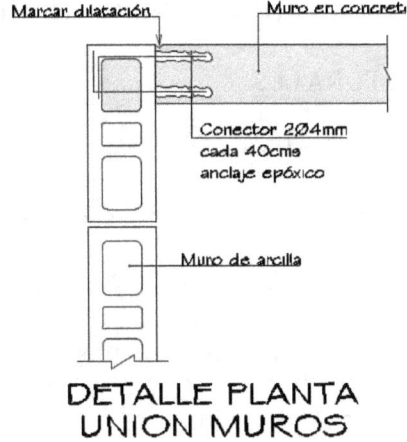

DETALLE PLANTA UNION MUROS

Imagen 9. Unión muro no estructural mampostería con muro estructural concreto,

admite deformaciones.

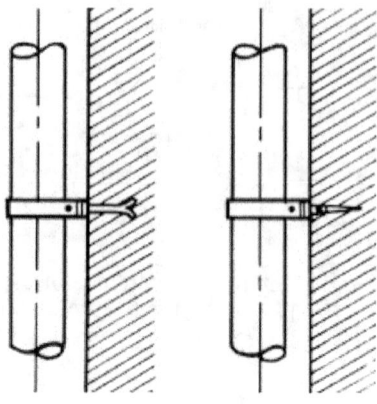

Imagen 10. Anclaje de tubería hidrosanitaria, RCI ó Conduit, admiten deformaciones.

1.7   CONCLUSION SOBRE LOS ELEMENTOS NO ESTRUCTURALES.

Los elementos no estructurales, elementos arquitectónicos, mecánicos o de otra índole, que no participan activamente en la transmisión de las solicitaciones, desde su punto de aplicación, hasta las cimentaciones. Son responsables por su propio peso y por acciones directamente aplicadas sobre ellos.

Desde tiempos remotos se sabe que en un sismo se vuelcan a veces elementos, que sin ser la esencia estructural, representan peligro y daños materiales. Inclusive la caída de estanterías ha provocado pérdidas materiales y humanas. También se conocen muy bien las experiencias que hacen relación a roturas de instalaciones eléctricas y de tuberías de diferentes redes e instalaciones de servicios, ocasionando grandes pérdidas. En regiones donde los sismos fuertes no son frecuentes, hay la tendencia de olvidar esta amenaza, y por eso que actualmente el propio Reglamento Colombiano de Construcción Sismo Resistente NSR-10 incluye el Capítulo A.9, según el cual se sientan las pautas para delimitar los peligros que se pueden dar debidos a los sismos en elementos no estructurales.

Cada evento sísmico que ocurre a nivel mundial, hace más evidente el cuidado que se debe proporcionar al diseño y construcción de los elementos no estructurales, buscando proteger la vida de las personas y evitar cuantiosas pérdidas ocasionadas por la falla de estos elementos.

Esta es la razón por la cual los Reglamentos de Diseño y Construcción a nivel mundial se han vuelto más severos en este aspecto. Este artículo busca contribuir no solo al entendimiento de esta realidad sino que plantea metodologías de análisis y diseño, al igual que detalles típicos de refuerzo, que permitan alcanzar de una manera económica el objetivo requerido.

13. GRUPOS DE ELEMENTOS QUE ENUNCIA LA NSR- 10, Y QUE SE DEBE TENER EN CUENTA PARA SU ANCLAJE Y ESTABILIDAD ANTE EL SISMO

Según la NSR-10 los grupos de elementos no estructurales que deben tenerse en cuenta el diseño para su anclaje y estabilidad ante un sismo son los descritos en la siguiente tabla:

Tabla 4. Grupos de elementos no estructurales a tener en cuenta en diseño.

(A) ACABADOS Y ELEMENTOS ARQUITECTÓNICOS Y DECORATIVOS	
(B) INSTALACIONES HIDRÁULICAS Y SANITARIAS	

(C) INSTALACIONES ELÉCTRICAS	
(D) INSTALACIONES DE GAS	
(E) EQUIPOS MECÁNICOS	
(F) ESTANTERÍAS	

(G) INSTALACIONES ESPECIALES	

A continuación se describe en cuáles planos constructivos y técnicos se encuentran y especifican las fijaciones o anclajes de los elementos no estructurales, se describen 10 aplicaciones y se complementa con dos esquemas gráficos de detalles.

14. PLANOS CONSTRUCTIVOS Y TÉCNICOS DONDE SE ENCUENTRAN Y ESPECIFICAN LAS FIJACIONES O ANCLAJES DE LOS ELEMENTOS NO ESTRUCTURALES

Los planos de detalles estructurales y arquitectónicos además de los planos de taller nos muestran anclajes y fijaciones para los elementos no estructurales.

Se utilizan en diferentes aplicaciones tales como:

1. Anclajes de soporte para Instalaciones Sanitarias.

2. Anclajes de soporte para Instalaciones Hidráulicas.

3. Anclajes de soporte para Instalaciones Eléctricas.

4.   Anclajes de soporte para Instalaciones de Red Contra Incendio.

5.   Anclajes de soporte para Instalaciones de Gas.

6.   Anclajes de soporte para Instalaciones de Aires Acondicionados.

7.   Anclajes de soporte para Instalaciones de Muros Drywall.

8.   Anclajes de soporte para Instalaciones de Cielos Rasos Drywall.

9.   Anclajes de dovelas para Muros en Mampostería.

10. Anclajes de unión entre muros.

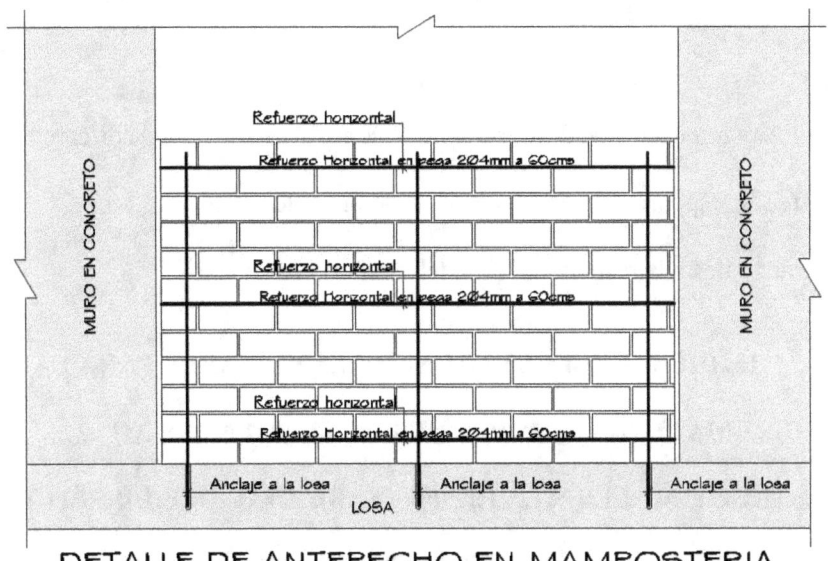

DETALLE DE ANTEPECHO EN MAMPOSTERIA

Imagen 11. Detalle anclaje en losa.

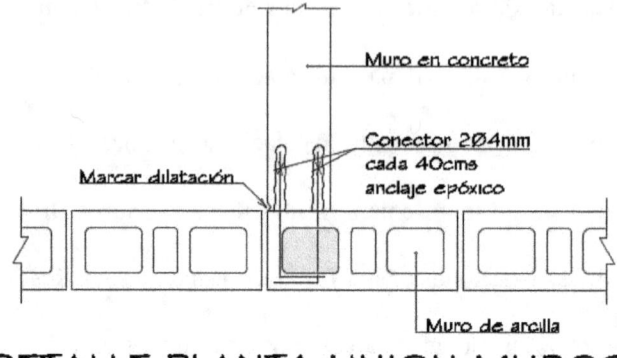

DETALLE PLANTA UNION MUROS

Imagen 12. Detalle anclaje en muro.

A continuación se describe cómo e constructor describe la diferencia entre ser responsable para la materialización de los elementos no estructurales y la responsabilidad del diseño y los cálculos.

15. DIFERENCIA ENTRE SER RESPONSABLE PARA LA MATERIALIZACIÓN DE LOS ELEMENTOS NO ESTRUCTURALES Y LA RESPONSABILIDAD DEL DISEÑO Y LOS CÁLCULOS.

A continuación, se describe desde mi perspectiva como constructor, las diferencias respecto a las responsabilidades de materialización y diseño de los elementos no estructurales.

1.8   RESPONSABLE PARA LA MATERIALIZACIÓN DE LOS ELEMENTOS NO ESTRUCTURALES.

El responsable de la materialización debe ser el supervisor técnico quien debe verificar que la construcción e instalación de los elementos no estructurales se realice siguiendo los planos y especificaciones correspondientes.

En aquellos casos en los cuales en los documentos de diseño (planos, memorias y especificaciones) sólo se indica el grado de desempeño requerido, es responsabilidad del supervisor técnico el verificar que los elementos no estructurales que se instalen en la edificación efectivamente estén en capacidad de cumplir el grado de desempeño especificado por el diseñador.

1.9   RESPONSABLE DEL DISEÑO Y LOS CÁLCULOS DE LOS ELEMENTOS NO ESTRUCTURALES.

La responsabilidad del diseño sísmico de los elementos no estructurales recae en los profesionales bajo cuya dirección se elaboran los diferentes diseños particulares.

Se presume que el hecho de que un elemento no estructural figure en un plano o memoria de diseño es porque se han tomado todas las medidas necesarias para cumplir el grado de desempeño apropiado y por lo tanto el profesional que firma o rotula el plano se hace responsable de que el diseño se realizó para el grado de desempeño apropiado.

El constructor quien suscribe la licencia de construcción debe cumplir lo indicado en NSR-10 Titulo A.1.3.6.5 y es el responsable final de que los diseños de los elementos estructurales se hayan realizado adecuadamente y que su construcción se realice apropiadamente.

Existe un interrogante respecto a los elementos no estructurales (ENE) y es el siguiente ¿En qué tipo de mampostería se pueden hacer los muros no estructurales?, en respuesta al anterior interrogante se puede responder explicando cuáles son las diferencias básicas que esos casos exigen para una solución correcta, a continuación se adiciona esquemas aplicativos del contenido expuesto y se incluya una breve explicación de los procesos constructivos de cada uno.

16. TIPOS DE MAMPOSTERÍA EN QUE SE PUEDEN HACER LOS MUROS NO ESTRUCTURALES

Los muros no estructurales se pueden hacer en Mampostería no reforzada: es la construcción con base en piezas de mampostería unidas por medio de mortero que no cumple las cuantías mínimas de refuerzo establecidas para la mampostería parcialmente reforzada. Debe cumplir con los requisitos del capitulo D.9 de estas normas (muros de mampostería no reforzada). Este sistema estructural se clasifica como con capacidad mínima de disipación de energía en el rango inelástico (DMI).

Si los muros no estructurales pertenecen a una edificación de grupo de uso III y IV y su grado de desempeño es superior deben realizarse con capacidad especial de disipación de energía en el rango inelástico (DES), debe utilizarse mampostería reforzada, ya sea estructural acorde al titulo D, ó confinada acorde al titulo E de la NSR-10.

A continuación se describe la manera de anclar un muro no estructural hecho en bloque # 5 (perforación horizontal) a las placas inferior y superior.

17. LA MANERA DE ANCLAR UN MURO NO ESTRUCTURAL HECHO EN BLOQUE # 5 (PERFORACIÓN HORIZONTAL) A LAS PLACAS INFERIOR Y SUPERIOR

El bloque estándar #5 es ideal para construir muros divisorios y muros a la vista que se basan en la unidad de mampostería de perforación horizontal de uso interno y no estructural. Las utilizaciones de estos productos están guiadas por las normas o recomendaciones constructivas contempladas en la norma NSR-010 y a la guía para el diseño sismo resistente de elementos no estructurales.

Método de instalación:

La utilización del bloque estándar # 4 y 5 está relacionada con las normas o recomendaciones constructivas de la norma NSR-98 y la guía para el diseño sismo resistente de elementos no estructurales.

Mantenimiento:

No requiere, pues queda incorporado a la mampostería.

Clasificación:

Tipo PH: unidad de mampostería de perforación horizontal (de uso interno y no estructural)

En los sitios indicados en los planos se debe construir primero la hilada, con mortero colocado directamente sobre el contra piso. Las conexiones requeridas para intersecciones se deben anclar en las correspondientes juntas de pega.

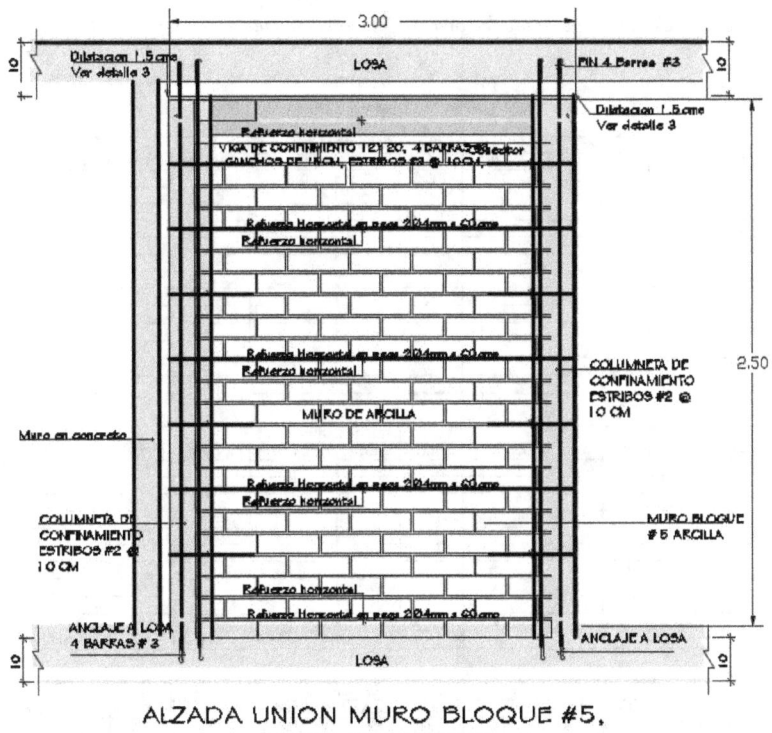

Imagen 13. Muro no estructural en bloque #5 perforación horizontal.

1.10 CUADRO DE CANTIDADES DE OBRA

ELEMENTOS NO ESTRUCTURALES

Tabla 5. Cuadro de cantidades de obra muro no estructural en bloque # 5 perforación

horizontal.

ELEMENTO	EJES	ALTO m	ANCHO m	LARGO m	AREA m2	VOLUMEN m3	CANTIDAD	UNIDAD	SUBTOTAL m3	OBSERVACIONES
CANTIDAD DE OBRA-COLUMNETAS										
COLUMNETAS		2,500	0,12	0,200	0,500	0,051	2	m3	0,103	
TOTAL									0,103	CONCRETO

ELEMENTO	EJES	ALTO m	ANCHO m	LARGO m	AREA m2	VOLUMEN m3	CANTIDAD	UNIDAD	SUBTOTAL m3	OBSERVACIONES
CANTIDAD DE OBRA-VIGAS										
VIGA DE CONFINAMIENTO		0,200	0,12	3,000	0,024	0,072	1	M3	0,072	
TOTAL					0,024	0,072	1		0,072	CONCRETO

ELEMENTO	EJES	ALTO m	ANCHO m	LARGO m	AREA m2	MORTERO m3	CANTIDAD	UTOTAL m	SUBTOTAL m3	OBSERVACIONES
CANTIDAD DE OBRA-MAMPOSTERIA										
MURO EN LADRILLO Blo	A,B,C	2,300	0,12	2,600	5,980	0,169	1	5,98	0,169	
TOTAL					5,980	0,169	1	5,98	0,169	
								LADRILLO	MORTERO	

18. Conclusión

Es indispensable conocer las diferentes herramientas que están a la mano para que todo profesional en construcción, arquitectura e ingeniería pueda realizar una correcta labor en la rama de Elementos No Estructurales, es también de importancia conocer el marco normativo que encierra este campo.

19. Recomendaciones

Se recomienda tener en cuenta la aplicación de la normatividad legal vigente a nivel regional y nacional en materia de Elementos No Estructurales ya que es de vital importancia para ejercer y aplicar dichas metodologías requeridas por ley en nuestra profesión de Constructor en Arquitectura e Ingeniería.

20. Bibliografía

Ministerio De Ambiente, Vivienda y Desarrollo Territorial, Comision Asesora Permanente Para El Regimen De Construcciones Sismo Resistentes. (2010). *REGLAMENTO COLOMBIANO DE CONSTRUCCION SISMO RESISTENTE NSR-10.* (A. C. AIS, Ed.) Bogota DC., Cundinamarca, Colombia: Asociacion Colombiana De Ingenieria Sismica AIS.

Rincon Molina, A. (2019). *ELEMENTOS NO ESTRUCTURALES. Anotaciones de Clases y Tutorías.* Cali, Valle del Cauca, Colombia: Universidad Santo Tomas de Aquino "USTA" CAU Cali, VUAD "Vicerrectoría de Universidad Abierta y a Distancia". Facultad de Ciencias y Tecnologías.

21. Webgrafía de apoyo

REGLAMENTO COLOMBIANO DE CONSTRUCCION SISMO
RESISTENTE NSR-10 TITULO A. *Recuperado de:*

https://drive.google.com/file/d/1p_qL9gQw5JttdCXff6ILJRkANgItB
yDt/view?usp=sharing

ANÁLISIS Y DISEÑO SISMORESISTENTE DE ELEMENTOS DE
FACHADAS Y MUROS INTERIORES EN MAMPOSTERÍA O
DRYWALL DE ACUERDO CON EL REGLAMENTO
COLOMBIANO NSR-10. *Recuperado de:*

http://www.lgm.com.co/publicaciones/Publicaciones 1-
7/Elementos no estructurales VERSION 10.1f.pdf

MANUAL DE DISEÑO DE ELEMENTOS NO ESTRUCTURALES.
Recuperado de:

http://www.santafe.com.co/images/manuales/manual_de_diseno_NS
R_10.pdf

REGLAMENTO COLOMBIANO DE CONSTRUCCION SISMO

RESISTENTE NSR-10 TITULO K. *Recuperado de:*

https://drive.google.com/file/d/1kLhBZI_rkBnea06H8daaQF_Ysv4F

7mXw/view?usp=sharing

VIDEO ANRACI COLOMBIA. (2018, MARZO, 12). CHARLA

DISEÑO SISMO- RESISTENTE EN ELEMENTOS NO

ESTRUCTURALES - PROTECCIÓN CONTRA FUEGO.

Recuperado de: https://youtu.be/bICr6UidKes

22. Apéndice

Un profesional en Construcción, Arquitectura e Ingeniería necesita herramientas que le faciliten el trabajo para desempeñarse óptimamente en su campo, se requiere el conocimiento y competencias necesarios sobre Elementos No Estructurales en los proyectos constructivos para así aplicar mediante su capacidad crítica y analítica posteriormente en su campo de ocupación.

23. Acerca del Autor

Andersson Rincón Molina, Tecnólogo en Construcción SENA (2013), Especialista en Supervisión Técnica de Obras SENA (2016-Actualmente), estudiante de Construcción en Arquitectura e Ingeniería Universidad Santo Tomas (Actualmente).

Inspector de Interventoría en la empresa Olano Ingeniería S.A.S (2016-Actualmente).